ŒUVRES

ET

DECOUVERTES PHYSIQUES

De M. GAUTIER, *Pensionnaire du Roi, Inventeur de l'Art de graver & d'imprimer les Tableaux à quatre Planches.*

ZÔOS-GENESIE,

OU

GENERATION

DE L'HOMME

ET DES ANIMAUX.

Par M. GAUTIER, *seul en France Privilégié du Roi pour les Planches Anatomiques en couleur naturelle.*

A PARIS,

Chez J. BULLOT, rue S. Etienne des Grès.

M. DCC. L.

DECOUVERTES

Sur la génération, contre les OVIPARISTES *&* *les* VERMICULISTES. *Par M. Gautier.*

DE toutes les queſtions anatomiques, il n'y en a peut-être pas qui ayent été tant agitées, que celles qui concernent la génération, & il n'y en a point aſſûrément ſur leſquelles les Phyſiciens ſoient moins d'accord. Je n'en ſerois pas ſurpris, ſi les Anatomiſtes n'avoient jamais fait que raiſonner. Le raiſonnement ſeul ne mene pas loin, ou du moins ne fait qu'égarer dans les matieres, qui demandent à être vérifiées par les ſens. Mais dans ces derniers ſiécles, où l'on a pris du goût pour les expériences, quantité de Naturaliſtes en ont fait, & il n'y en a pas deux qui en ayent tiré les mêmes inductions. Ce ſeroit quelque choſe de bien ſingulier, s'il ne falloit pour ſaiſir le vrai dans cette affaire, que ſe ſervir ſimplement de ſes yeux, & qu'il ne fût venu dans l'eſprit de perſonne de le faire. C'eſt pourtant une choſe que je fais plus que ſoupçonner. Je donnerai mes preuves, lorſque j'aurai expoſé préalablement les ſentimens de ceux qui ont écrit avant moi ſur cette matiere.

Sentimens des Philoſophes les plus connus, tant anciens que modernes, ſur la génération animale.

Selon *Platon*, les hommes ne ſont que *des formes imaginables de la faculté créatrice*; & l'eſſence de toute génération conſiſte dans l'unité d'harmonie du nombre de trois; le ſujet qui engendre, celui dans lequel on engendre, & celui qui eſt engendré. Il ajoûte pour jetter plus de lumiere ſur ces ſublimes notions, que la ſucceſſion des individus eſt une image fugitive de l'*éternité immuable* de l'harmonie triangulaire. C'eſt ſans doute ſa doctrine de l'harmonie triangulaire, qui a fait ſuppoſer à un de ſes illuſtres Traducteurs, que ce grand homme avoit quelque idée confuſe de la Trinité. Par rapport à la génération, s'il y a entendu quelque choſe, ce n'eſt vraiſemblablement, non plus que confuſément, ou il aura été bien aiſe de nous en faire un myſtere.

Les idées d'*Ariſtote* (lib. de generat.) ne vont pas ſe perdre de même dans l'*éternité immuable*. Il ſe rabat tout ſimplement à la matiere, & veut que le fœtus ſoit formé, développé & nourri par le ſang menſtruel de la mere, après la jonction de ces menstrues avec la liqueur ſeminale du mâle, laquelle agit comme cauſe ou principe du mouvement génératif. Que le fœtus humain ſoit nourri de cette liqueur, ce n'eſt pas une queſtion : mais qu'il en ſoit formé originairement, c'eſt une opinion qui n'eſt venue à aucun autre depuis Ariſtote. D'ailleurs toutes les femelles d'animaux ont-elles une liqueur menſtruelle ?

Hippocrate, ayant obſervé habilement que les deux ſexes pour l'ordinaire concourrent à la génération, en a inferé pour ne point faire de jaloux, que les liqueurs mâle & femelle étoient toutes deux prolifiques, & que chacune étoit compoſée de deux differentes parties, l'une forte & active, l'autre foible & moins active ; que les plus fortes mêlées enſemble donnoient le mâle, & les plus foibles la femelle. Apparemment que la forte mêlée avec la foible formoit l'hermaphrodite. Il n'a pas expliqué ce cas.

Deſcartes ne donne la formation du fœtus, ni à l'une ni à l'autre de ces deux ſemences, mais à la fermentation de toutes deux réunies.

Fabricio ab Aquapedente eſt peut-être le premier qui ait fait des obſervations ſur la fécondation & le développement des œufs de poule, & le résultat de ses recherches a été, que les cordons glanduleux qui vont à travers le blanc se joindre au jaune de l'œuf, étant fécondés par l'esprit seminal du mâle, sont les instrumens qui servent à la fécondation du fœtus.

Aldrovande sur la génération, est à peu près Aristotélicien. (Voyez son Ornithologie.)

Parisanus a plus approché du but : il dit que la semence du coq, ou du moins le point blanc qui est au milieu de la cicatricule de l'œuf, est la substance qui doit produire le poulet : c'étoit là toucher la vérité du bout du doigt. Qu'il eût dit que cette substance est le poulet même, c'étoit, je crois, l'atteindre tout-à-fait.

Auteurs Ovipariſtes.

En physique, on aime les sistêmes généraux ; & s'il y en avoit un qui le fût réellement, ce seroit en effet le bon. On voulut appliquer les découvertes faites sur les œufs à la génération des animaux vivipares. *Stenon* pour cet effet leur supposa des ovaires, & fut, pour ainsi dire, le Chef des *Ovipariſtes*.

Graaf voulut s'approprier cette découverte : mais sans entrer dans la discussion du fait, il s'ensuit au moins de cette contestation, que Graaf supposoit, comme Stenon, des ovaires aux vivipares.

Harvey, de sa pure grace, donne aussi des œufs à toutes les femelles, ne distinguant les animaux ovipares d'avec les vivipares, que par la maniere differente dont les fœtus des uns & des autres prennent leur accroissement. La génération de ces œufs, selon Harvey, est l'ouvrage de la matrice, qui ne conçoit que par une espéce de contagion, que la liqueur du mâle lui communique; & pour donner une idée précise de cette méchanique, il dit que la matrice conçoit le fœtus, comme le cerveau conçoit les idées. Sans doute, il écrivoit pour des gens qui sçavoient déja comment se forment les idées.

Verrheyen suivit la même doctrine, avec cette difference pourtant, qu'il exigeoit pour la formation du fœtus, l'intromission de la semence du mâle au fond de la matrice,& ne se contentoit pas de la contagion d'Harvey.Cette contagion en effet exposoit à trop d'accidens la pudicité des vierges.

Guillaume Langly étoit aussi ovipariste. On a de lui des observations dans le goût de celles d'Harvey.

Joseph de Aromatarïus a observé le premier, que le poulet est tout formé dans l'œuf avant l'incubation.

Malpighi en eſt auſſi convaincu : il remarque que le point blanc, qui ſelon Harvey devient le point anmé, n'eſt qu'une petite bule qui contient l'embrion & que ſes ébauches paroiſſent de plus en plus, à meſure qu'elles ſe développent, au lieu qu'on ne trouve rien de ſemblable dans les œufs des poules, qui n'ont pas reçu le coq. Il y avoit grande apparence que c'étoit le coq qui avoit introduit le poulet dans l'œuf. Cependant Malpighi n'a pas tiré cette conſéquence de ſes obſervations. Il croyoit que le fœtus étoit préexiſtent dans l'œuf, & s'imaginoit l'y avoir vû avant que le coq eût fait ſon opération.

Valiſniery a fait de nouvelles découvertes, mais dont il n'a pas profité. Il prouve par ſes obſervations que les teſticules des femelles ne ſont pas des œufs ; qu'ils ne ſont que les réſervoirs de la lymphe ou de la liqueur, qui doit contribuer à la génération ; & cependant il conclut que l'ouvrage de la génération ſe fait dans les teſticules des femelles ; il croit aux ovaires ſans en avoir jamais vû, & ne penſe pas, non plus qu'Harvey, qu'il ſoit néceſſaire que la ſemence mâle entre juſque dans la matrice pour féconder l'œuf.

Nuck allegue des expériences en faveur des ovaires.

M. *Duverney* étoit auſſi ovipariſte, & ç'a été un ſentiment très à la mode parmi les Anatomiſtes. Ce fut M. Mery qui y porta les plus rudes coups.

Auteurs Vermiculiſtes.

Hartſocker & *Lewenoek* ont été les Auteurs de la ſecte des vermiculiſtes, c'eſt-à-dire, de ceux qui ont vû ou cru voir dans la ſemence des mâles, des animaux ſemblables à des vers.

Andry, *Valiſniery*, *Bourguet* & pluſieurs Auteurs, ont cru y en voir auſſi.

Dalempatius y a vû des eſpéces de tetards, qui quittant leurs enveloppes, devenoient très-diſtinctement des figures humaines.

Et ces vers ou tetards, les Vermiculiſtes ſuppoſoient que c'étoient des petits hommes, ou des fœtus ébauchés.

Quelques Vermiculiſtes qui n'étoient pas bien revenus du ſiſtême des œufs, pour unir les deux ſectes, prétendoient que ſur un million d'animaux qui nagent dans la ſemence, il n'y en a qu'un ou deux, & bien rarement trois, qui parviennent à être des fœtus décidés, & que tous les autres périſſent, faute de pouvoir enfiler l'endroit de la pellicule, par où ils peuvent ſe loger dans l'œuf; cette ouverture ſe refermant par une soupape dès qu'il s'y en est introduit un.

Autres systêmes plus reçus.

L'Auteur de la Venus physique exige la réunion des semences prolifiques de l'homme & de la femme, & admet ce qu'on peut appeller les superfluités de ces liqueurs.

M. *de Buffon* s'est attaché en grande partie au systême d'Hippocrate ; il donne également au mâle & à la femelle des liqueurs seminales, qui contiennent chacune des *molécules* organiques, de la réunion desquelles se forme un nouvel animal.

Réflexions sommaires sur les divers sentimens des Auteurs, que je viens de citer.

Je demande d'abord aux Auteurs qui partagent la génération entre le mâle & la femelle, sur quel fondement ils supposent que la semence du mâle ait besoin pour être fécondée de la coopération d'un suc étranger, d'une liqueur froide, telle que celle que rend la femelle dans le coït, tandis qu'elle trouve dans son propre réservoir des matieres plus chaudes & plus subtiles ?

Je leur demande ensuite, pourquoi si la coopération de la femelle est nécessaire pour la formation du fœtus, y a-t'il des animaux qui engendrent sans femelle ? Faut-il donc adopter deux sortes de générations ? Et pourquoi multiplier sans nécessité les loix de la Nature, & en supposer deux, où une seule suffit pour tous les cas ?

Par rapport aux *Ovipariſtes*, je trouve bien dur à digérer une conséquence de leur systême, qui est la nécessité d'admettre une progression décroissante à l'infini, d'œufs contenus les uns dans les autres.

Joignez que ces œufs sont des matieres froides & sans vie dans les ovipares, & qu'ils n'ont jamais existé dans les vivipares.

La preuve qu'on prétend tirer en faveur de l'existence des œufs dans les animaux vivipares, de fœtus trouvés dans le bas ventre ou dans les trompes, en admettant même les faits, ne me paroît pas concluante, puisqu'il est très-possible que la semence du mâle se soit introduite dans ces trompes en conséquence de leur dilatation, & qu'elle y séjourne, ou qu'elle tombe dans le bas ventre par le moreau frangé ou le pavillon. Ce n'est donc pas dans ce cas que le fœtus soit descendu des ovaires, c'est plutôt qu'il a remonté dans les trompes.

Car si cela étoit, pourquoi n'en auroit-on jamais trouvé dans les ovaires-mêmes ?

On trouvera une réfutation complette du systême des Ovipariſtes dans l'Ouvrage de M. de Buffon.

Les *Vermiculiſtes* ne sont pas mieux fondés, car outre que le fait de ces animalcules nageans dans la semence, ne me paroît que foiblement constaté, qui d'entre les Physiciens Vermiculiſtes est en état au moins d'assûrer, que ce animalcules existoient dans l'animal même, avant l'émission de la semence hors de corps, & qu'ils ne s'y sont pas formés depuis par la corruption qu'aura contracté la liqueur seminale, ainsi qu'il s'en trouve dans le vinaigre, qui n'existoient pas dans le vin ; ou comme on en voit fourmiller dans une eau putréfiée, qui n'existoient pas avant la putréfaction ? Je voudrois pour avérer leur existence, que les corps fussent transparens, & qu'on y pût voir la semence dans son réservoir même. Sans cela, je serai toujours en droit de douter, ou qu'il y ait des vers dans la semence, ou du moins que ces vers soient de petits hommes, car la vivacité & le fretillement que les Vermiculiſtes leur supposent, ne s'accordent guéres avec la pesanteur & la tranqüillité ordinaire à un fœtus. Or, est-il raisonnable d'imaginer que ces petits embrions, à mesure qu'ils acquerroient une conformation plus finie, par l'achevement de leur organisation, perdissent de leur vigueur & de leur agilité ?

Conjecture sur la formation du fœtus.

Pour moi, voici tout simplement quelle est ma conjecture sur la formation du fœtus. Je crois qu'il est produit sous une forme fluide dans les vésicules seminales du mâle, par le concours du sang purifié par les testicules & par celui des esprits, qui se viennent rendre dans ces mêmes vésicules, par une méchanique semblable à celle qui a concouru à l'accroissement des parties de l'animal pere. Ainsi que dans ces sortes d'insectes qui multiplient sans femelle, tels que les polipes, les pucerons, &c. avec cette difference, qu'au lieu que les petits des insectes tirent leur nourriture & leur accroissement de la terre même, ou des plantes qui leur servent comme de placenta, les fœtus humains & ceux des autres animaux, sont déposés dans la matrice d'une femelle pour y prendre nourriture & y croître.

Pour faire cette transmigration, il sort extrêmement débile & même fluide des vésicules seminales par le verumontanum,

& il eſt lancé le long de l'urethre dans la matrice de la femelle.

Voilà donc dans ma ſuppoſition une ſorte d'accouchement de la part du mâle, il y a eu même nutrition pendant quelques inſtans par la liqueur qui ſort de ſes proſtates, laquelle ſert auſſi au moment de l'émiſſion du fœtus, mol & debile comme il eſt, à le conſerver dans ſon intégrité par l'enveloppe qu'elle lui fournit en l'entourant.

Arrivé dans la matrice, il y eſt d'abord nourri de la ſemence de la femelle, qui n'eſt qu'une liqueur ténue, préparée de la lymphe par ſes véſicules imparfaites, enſuite par le ſang menſtruel, pendant le reſte du ſéjour qu'il fait dans la matrice, puis par le lait, après l'accouchement de la mere.

Cette premiere nutrition qu'il reçoit de la ſemence de la femme, lui donne le tems d'attendre pour ſe nourrir du ſang menſtruel, que les vaiſſeaux ombilicaux qui doivent le lui tranſmettre, ayent jetté des racines dans la matrice. Ce ſeroit par conſéquent un vice dans la femme, capable d'empêcher la génération, ſi la femme n'étoit pas conditionnée comme il faut, pour fournir la nourriture au fœtus qu'elle reçoit.

Il eſt à remarquer en confirmation de ma conjecture, qu'on trouve dans tous les animaux mâles deux ſortes de ſemences, l'une claire & tranſparente, qui vraiſemblablement n'eſt point la liqueur génératrice, & une autre plus cuite & plus liée, dans laquelle on diſtingue facilement le fœtus en y faiſant attention. Dans un jet de matiere ſeminale humaine, on ne diſtingue qu'un fœtus & quelque fois deux, mais dans les quadrupedes, qui ſont d'une plus grande fécondité, on en diſtingue pluſieurs qui nagent dans une liqueur claire & gluante que les proſtates fourniſſent. Que ſi la ſemence eſt rompue, on n'y trouve point de germe, du moins entier, mais ſeulement quelques portions imparfaites.

Les ovipares, tels que ſont les oiſeaux & les ſerpens femelles, qui n'ont pas de matrice convenable pour conſerver longtems le fœtus, ont en place des placenta pour la nourriture du fœtus que le mâle leur fournit ; ce ſont ces placenta qui forment ce qu'on appelle dans les femelles de ces animaux la grappe de raiſin ; & une même matiere glaireuſe qui enduit les œufs, enveloppe auſſi les fœtus qui s'y ſont attachés.

Pour les poiſſons, ils n'ont beſoin que

de jetter les fœtus qu'ils contiennent, dans l'instant que la femelle jette ses œufs, & attendu la grande quantité qu'elle en répand, il y en a toujours qui rencontrent les fœtus & les reçoivent.

Dans mes principes, je n'ai point de peine à expliquer la formation des monstres, soit par excès ou par défaut : elle s'est faite dans les vésicules seminales du mâle, soit par la concretion de deux fœtus, qui se sont confondus ensemble (ce qui étoit fort facile, la substance de ces fœtus étant alors si molle & si debile) soit par la mutilation du fœtus dans le même tems, chose aussi facile par la même raison.

Rien n'empêchera non plus que la mere qui reçoit le fœtus dans un état de mollesse, susceptible de toutes les impressions extérieures, n'y puisse aussi imprimer quelque marque, tache ou défaut par le mouvement dereglé du sang, ou des esprits animaux, de quelque cause que ce dereglement provienne.

La ressemblance qu'a souvent l'enfant, soit avec le pere ou la mere, n'a rien qui contredise notre opinion, & n'est pas du moins plus difficile à expliquer dans nos principes, que dans toute autre hypotese.

La génération des mulets vient elle-même à l'appui de notre sentiment. Ces animaux nés d'un âne & d'une cavale ; tiennent du pere ce qu'ils ont de principal & d'effentiel dans la configuration, la tête, les oreilles, la croupe, la queue. Ils n'ont guéres de leur mere que la groffeur & le poil. Ce font proprement de gros ânes vêtus de poils de cheval, encore ont-ils fous le ventre quelques-uns des longs poils du pere.

Si l'on demande pourquoi les mulets n'engendrent pas, je réponds 1°. Que cette queftion n'eft pas particuliere à mon fiftême; 2°. Qu'on pourroit citer des exemples de mulets qui ont engendré, & qu'il y a journellement des oifeaux nés d'efpéces mêlées, qui ne laiffent pas d'engendrer à leur tour. On en pourroit dire autant des chiens. 3°. Qu'il y a apparence que ce vice provient de la nourriture étrangere qu'a eû dans la matrice de la mere un animal, qui dans fon origine étoit fait pour être un âne. Cette difference de nourriture a bien pû mettre de la difference dans fa groffeur & fon poil. Pourquoi ne pourroit il pas auffi altérer fa faculté génératrice ?

Ainfi les générations des diverfes efpéces d'animaux, & même les phénomenes en cette matiere, s'expliquent fort bien avec le fiftême que nous propofons, qui même a cet avantage particulier fur tout autre, que lés obſervations & expériences faites par tous les Naturaliſtes, qui ont adopté d'autres hypoteſes, s'accordent auſſi parfaitement avec la nôtre, que s'ils les euſſent faites dans la vûe de la confirmer.

D'après l'exemple d'Hartſoeker, qui s'aviſa (nous dit l'Auteur de la Venus phyſique) *d'examiner au microſcope cette liqueur, qui n'eſt pas d'ordinaire l'objet des yeux attentifs & tranquilles*; je rapporterai ici une obſervation la plus concluante, qui ſe puiſſe pour mon ſyſtême, faite par un Phyſicien plus moderne, de l'exactitude & de la fidélité duquel je puis répondre. J'en demande pardon aux Lecteurs délicats: mais il ne m'eſt pas poſſible de me priver par la même délicateſſe d'une preuve qui tranche la queſtion dont il s'agit, de la maniere la plus complete & la plus déciſive; que la curioſité de mon Phyſicien fût repréhenſible ou non, c'eſt ce que je n'examine point. Voici le fait, dont je ne ſuis pas l'Apologiſte, mais l'Hiſtorien.

Il reçut de la ſemence humaine dans de l'eau claire & froide, au ſortir du canal de l'urethre, dans laquelle il vit très-diſtinctement, même ſans le ſecours de verres, un fœtus blanc, de matiere opaque & fluide, dont la tête étoit d'un tiers plus forte que le reſte du corps; il pendoit aux quatre extrêmités du tronc quatre filets ; qui formoient les bras & les jambes. Toute la difference de ce petit fœtus d'avec un embryon, qui eût séjourné dans une matrice, c'est que la tête étoit au moins d'un tiers plus forte que le corps, & c'est sans doute cette disproportion qui aura empêché les autres Observateurs, qui ont fait la même expérience que mon Physicien, d'y faire aussi la même découverte. Ils auront pris la tête du fœtus pour un amas de matiere plus épaisse & plus cuite que le reste de la semence, & les bras, les jambes & le corps pour des parties de la même matiere prolongées en fil, à cause de leur viscosité. Mais les yeux seuls suffisent pour convaincre un spectateur attentif, que ces masses visqueuses & blanchâtres sont de vrais fœtus, & les verres montrant leurs parties plus en détail, ne laissent pas le moindre doute.

Le même Observateur a fait une expérience semblable sur des quadrupedes. Mais aucun de ces animaux ne lui a laissé voir un fœtus plus distinct, qu'un âne qui laissa tomber sa semence dans un vase plein d'eau. Il y vit le petit ânon formé d'une matiere jaunâtre, épaisse & fluide ; il y discernoit aisément une tête fort grosse, le tronc, les quatre pattes & la queue : le tout nageant dans un liquide tranſparent & verdâtre.

Mon Phyſicien a fait une troiſiéme expérience, que chacun peut, s'il le veut, repéter après lui. Il a ouvert une poule immédiatement après l'approche du coq. Il y a diſtingué dèſlors le poulet tout formé d'une matiere blanche & fluide, ayant une groſſe tête, & le reſte du corps très-petit à proportion, le tout attaché ſur le jaune de l'œuf, & entouré d'un peu de matiere gluante & tranſparente.

Si de pareils faits, joints aux principes que nous avons établis, ne convainquent pas invinciblement, que le pere ſeul dans tous les animaux fournit les fœtus tout formés, & que les matrices des femelles ne ſont que des réceptacles, où ces fœtus ſont dépoſés pour y prendre leur nourriture & leur accroiſſement, j'avoue que je n'ai pas d'argumens plus forts à préſenter. Mais je doute que les adverſaires de mon ſiſtême en ayent d'auſſi forts à y oppoſer.

Au reſte, loin que ce ſiſtême ait rien de neuf ou de révoltant, c'eſt au contraire celui de tout le genre humain, auquel il ne manquoit que des raiſons développées & des preuves tirées de l'expérience.

Les premiers Philoſophes avant Platon prétendoient que *la ſemence de l'homme renfermoit seule toutes les parties convenables à former un corps*, & considéroient les liqueurs que la matrice fournit au fœtus, comme les sucs de la terre à l'égard d'un arbre ou d'une plante.

De tous les tems & par toute la terre, les peres ont été regardés comme les véritables pro-créateurs de leurs enfans, c'est à eux qu'on fait tous les honneurs de la génération.

Le langage même des saintes Ecritures est conforme à cette doctrine. Il y est toujours dit que tel engendra tel autre, & jamais il n'est dit des femmes qu'elles ayent engendré. Elles engendreroient pourtant en effet, si elles fournissoient leur part dans la substance du fœtus. Que sçais-je, si ce n'est pas sur cette croyance universelle, qu'est fondée la prééminence de notre sexe sur l'autre; en particulier dans notre France la disposition de la Loi Salique sur la succession de la Couronne. Si ce n'est pas pour les mêmes raisons que les Anciens Romains attribuoient aux peres sur leurs enfans un pouvoir presque illimité, sous le titre de puissance paternelle, pouvoir dont ne jouissoient pas les meres, qui ne pouvoient exiger de ceux qu'elles avoient mis au monde, que des respects & des déferences?

EXPLICATION de la Planche où est représenté le Fœtus humain.

Cette figure d'embrion, qui n'a jamais séjourné dans la matrice, a été dessinée d'après nature, à travers un verre plein d'eau dans lequel étoit tombé la semence.

FIGURE I.

L'embrion vû sans le secours d'aucune loupe & dans sa grândeur naturelle.

FIGURE II.

Le même fœtus vû avec une loupe.

Je n'ai pû avoir les Desseins faits sur les fœtus des animaux, mon Physicien s'est contenté de les observer, mais je ferai en sorte de les joindre par la suite à cette Dissertation.

Cette Dissertation a été donnée au Public dans le Mercure de Septembre 1750. *par M. Gautier.*

www.ingramcontent.com/pod-product-compliance
Ingram Content Group UK Ltd.
Pitfield, Milton Keynes, MK11 3LW, UK
UKHW020231180726
13838UKWH00005B/2322

9 782329 360638